BEI GRIN MACHT SICH IHR WISSEN BEZAHLT

- Wir veröffentlichen Ihre Hausarbeit,
  Bachelor- und Masterarbeit

- Ihr eigenes eBook und Buch -
  weltweit in allen wichtigen Shops

- Verdienen Sie an jedem Verkauf

Jetzt bei www.GRIN.com hochladen
und kostenlos publizieren

Katrin Habersaat

Unterrichtsstunde:Schallübertragung in festen und flüssigen Medien

GRIN Verlag

Bibliografische Information der Deutschen Nationalbibliothek:

Die Deutsche Bibliothek verzeichnet diese Publikation in der Deutschen National-
bibliografie; detaillierte bibliografische Daten sind im Internet über http://dnb.d-
nb.de/ abrufbar.

Impressum:

Copyright © 2008 GRIN Verlag GmbH
Druck und Bindung: Books on Demand GmbH, Norderstedt Germany
ISBN: 978-3-656-55911-5

Dieses Buch bei GRIN:

http://www.grin.com/de/e-book/117833/unterrichtsstunde-schalluebertragung-in-
festen-und-fluessigen-medien

I. Schriftliche Unterrichtsvorbereitung

Schallübertragung in festen und flüssigen Medien

<u>**Thema der Stunde:**</u>

Schallübertragung in festen und flüssigen
Medien

Zentrale Absicht der Stunde:
Durch die Auseinandersetzung mit Experimenten zur Schallübertragung erkennen die Kinder, dass sich
Schall in flüssigen und festen Medien ausbreitet.

vorgelegt von: xxx

Schule: xxx

Klasse: xxx

Datum: xxx

Zeit: xxx

Schulleiterin: xxx

Schulamtsdirektorin: xxx

Schulamtsdirektorin: xxx

1. Thema der Unterrichtsreihe:

Schall – Was ist das?

2. Aufbau der Unterrichtsreihe:

1. Einheit: Hörspaziergang – Geräusche in der Umwelt bewusst wahrnehmen

2. Einheit: Schallerzeugung – Geräusche erkennen und machen

3. Einheit: Schallübertragung in Luft

4. Einheit: Schallübertragung in festen und flüssigen Medien

5. Einheit: Schallausbreitung – Experimente zur Schallausbreitung

6. Einheit: Ohr und Hören

7. Einheit: Lärm und Lärmschutz

Fächerübergreifende Aspekte:

Psychomotorik: „Klangteppich" - Entspannungsübungen zu Musik, Stilleübungen

Deutsch: Geräuschgeschichten, „Der Schatz der Stille" – ein Hörspiel selbst produzieren

Musik: Herstellung von Musikinstrumenten, „Der tropfende Wasserhahn" (Lied mit rhythmischer

Begleitung), hohe und tiefe Töne,

Kunst: Malen zu Musik, Klängen und Geräuschen, Zeichnen einer Geräusche-Landkarte

3. Von der Sache zum Thema:

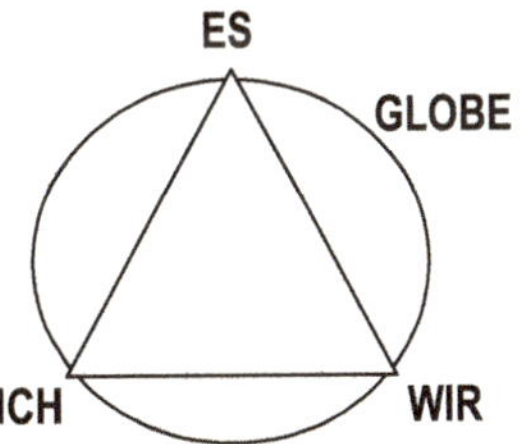

3.1. Es:

3.1.1. Sachanalyse

Als **Schall** werden mechanische Schwingungen (Schallschwingungen) und Wellen (Schallwellen) eines Mediums, insbesondere im Frequenzbereich des menschlichen Hörens, bezeichnet (Hörschall: ca. 16-20.000 Hz).[1] Die Zahl der Schwingungen pro Sekunde wird als Frequenz des Tones bezeichnet und ist das Maß für die Tonhöhe. Die Maßeinheit der Frequenz ist Hz (Hertz). D.h. je höher ein Ton ist, um so öfter schwingt er, um so höher ist seine Frequenz.[2] Die Lautstärke eines Tones hängt von der

---

[1] vgl. BROCKHAUS Naturwissenschaft und Technik, S. 1727

[2] vgl. *Klasse(n)kisten für den Sachunterricht:* Ein Projekt des Seminars Didaktik des Sachunterrichts im Rahmen von KiNT. Kinder lernen Naturwissenschaft und Technik, Entwurf, S. 28

Schwingungsamplitude ab: Je größer die Amplitude, desto lauter der Ton. Die Lautstärke wird in dB (Dezibel) gemessen. Die verschiedenen Formen des Schalls lassen sich in Ton (harmonische Schwingung), Klang (Gemisch von Tönen mit Grundton) und Geräusch (Gemisch zahlreicher Töne, deren Tonhöhe und Lautstärke wechselt) differenzieren. Schall breitet sich in einem homogenen schallleitenden Medium innerhalb eines Schallfelds von der Schallquelle her symmetrisch in alle Richtungen aus. An Grenzflächen zwischen verschiedenen Medien ändern sich die Eigenschaften der Schallwelle. An der Grenzfläche Metall/Luft wird der Schall z. B. praktisch vollständig reflektiert (Echo).[3] „Die Schallausbreitung ist nur in materiellen Medien möglich. Sie erfolgt ohne Massetransport, jedoch mit Übertragungen mechanischer Größen wie Impuls und Energie."[4] Der Schall breitet sich in gasförmigen und flüssigen Medien nur in Form von logitudinalen Schallwellen aus, in festen Medien zusätzlich auch in transversalen Schallwellen.[5] Abhängig von Anordnung und Koppelung der Teilchen ist die Geschwindigkeit und Intensität der Schallausbreitung in gasförmigen, flüssigen und festen Medien unterschiedlich. Vereinfacht lässt sich sagen: „Je fester die Koppelung [und Anordnung] zwischen den Teilchen, desto schneller [und intensiver] breitet sich Schall aus."[6]

Schallübertragung in den verschiedenen Medien (vereinfachte Erklärung):

- *feste Medien (z.B. Eisen):* In festen Medien sind die Abstände zwischen den Teilchen sehr gering und sie sind fest miteinander gekoppelt. Die Schallschwingung wird unmittelbar weiter gegeben und breitet sich sehr schnell und intensiv aus.

- *flüssige Medien (z.B. Wasser):* In flüssigen Medien sind die Abstände zwischen den Teilchen größer als in festen Stoffen. Die Koppelung erfolgt durch Kohäsionskräfte. Die Schallschwingungen breiten sich langsamer aus, da es eine längere Zeit dauert, bis ein Teilchen das nächste anstößt.

- *gasförmige Medien (z.B. Luft):* In gasförmigen Medien sind die Teilchen vergleichsweise weit voneinander entfernt und frei beweglich. Wenn eine Schallquelle schwingt, erzeugt sie in der umgebenden Luft Luftverdichtungen und –verdünnungen, die sich kugelförmig nach allen Seiten ausbreiten. Dabei treffen die Teilchen erst nach einer gewissen Zeit auf das nächste Teilchen.

---

[3] http://de.wikipedia.org/wiki/Schallausbreitung
[4] BROCKHAUS Naturwissenschaft und Technik, S. 1727
[5] vgl. BROCKHAUS Naturwissenschaft und Technik, S. 1727
[6] *Klasse(n)kisten für den Sachunterricht:* Ein Projekt des Seminars Didaktik des Sachunterrichts im Rahmen von KiNT. Kinder lernen Naturwissenschaft und Technik, Entwurf, S. 34

Ausgewählte Beispiele für Schallgeschwindigkeit in verschiedenen Stoffen bei 20°C (nach Keen 1979, S. 13)

fest	flüssig	gasförmig
Holz 5500 m/s	Wasser 1480 m/s	Luft: 340 m/s
Eisen 5800 m/s	Alkohol 1180 m/s	Helium 1005 m/s

m/s = zurückgelegte Meter pro Sekunde

3.1.2. Bezug zu Richtlinien und Lehrplan:

Das Thema „Schallübertragung in festen und flüssigen Medien" ist im Lehrplan dem Bereich „Natur und Leben zuzuordnen" und unter den Schwerpunkt „Luft" zu fassen. [7] Die Auseinandersetzung mit der Schallübertragung regt die „Begegnung mit belebter und unbelebter Natur, mit physikalischen Phänomenen sowie die Beobachtung der eigenen Sinneserfahrungen" an. Die Auswahl der Experimente zur Schallübertragung von flüssigen und festen Medien fordert die Kinder „zum Analysieren, Sortieren und Vergleichen auf und hilft ihnen dabei Ordnungsvorstellungen und naturwissenschaftlich begründete Muster und Modelle zu erklären."[8] Das Deuten und Verstehen von Schall und Schallübertragung hilft den Schülerinnen und Schülern, sich in ihrer Lebenswelt zurecht zu finden, sie zu erschließen und sie zu verstehen.[9] Der inhaltliche Schwerpunkt der Stunde ist, dass die Kinder durch das eigenständige Experimentieren erkennen, dass Schall sich auch in festen Medien und Wasser ausbreitet. Dies ist ein Beitrag zur Kompetenzerwartung „Die Schülerinnen und Schüler planen und führen Versuche durch und werten Ergebnisse aus." Das Planen, Durchführen und Auswerten dieser naturwissenschaftlichen Experimente fördert bei den Schülerinnen und Schülern auch eine „kritisch-konstruktive Haltung zu Naturwissenschaft und Technik"[10]

Das Lernarrangement ist so gewählt, dass die Kinder Sachbereiche der eigenen Lebenswelt erkunden und erforschen. Die Partner- / Kleingruppenarbeit und der gemeinsame Austausch fördern Teamfähigkeit, Arbeitsteilung und soziale Kooperation.[11] „Dazu werden die Wissbegier der Schülerinnen und Schüler, ihr Interesse und ihre Freude an der forschenden handelnden Auseinandersetzung mit ihrer Umwelt geweckt und gefördert."[12] Ihre bereits vorhandenen

---

[7] *Ministerium für Schule und Weiterbildung Nordrhein-Westfalen:* Lehrplan Sachunterricht. Entwurf, Düsseldorf, 28.01.2008, S. 7
[8] Ebd. S. 7
[9] Ebd. S. 5
[10] Ebd. S. 5
[11] Ebd. S. 5
[12] Ebd. S. 5

Vorstellungen, Erfahrungen und Deutungen von der Schallübertragung werden genutzt, erweitert und ausgebaut.[13]

3.2. Wir:

3.2.1. Lernvoraussetzungen:

Allgemein:

Die Klasse 3a besuchen 7 Mädchen und 11 Jungen. Ich begleite die Klasse seit Anfang des Schuljahres 2006/2007 als Klassenlehrerin.

In der Klasse herrscht allgemein eine vertrauensvolle Atmosphäre. Die Kinder zeigen meist einen freundlichen und verständnisvollen Umgang miteinander und sind es gewohnt, sich gegenseitig bei Schwierigkeiten zu helfen. Der starke Anteil an Jungen ist jedoch spürbar. Die Klassengemeinschaft besteht erst seit dem zweiten Schuljahr. Ein Junge (Dominik) ist in diesem Schuljahr umzugsbedingt in die Klasse dazu gekommen. Mehr als die Hälfte der Kinder der Klasse haben einen Migrationshintergrund und wachsen mit einer anderen Muttersprache auf, wobei die damit verbundenen sprachlichen Voraussetzungen unterschiedlich sind. Die meisten Kinder leben bereits seit ihrer Geburt in Deutschland und besuchten einen deutschen Kindergarten. Beim Sprechen sind vereinzelt Schwierigkeiten in Wortfindung, Grammatik und Syntax zu beobachten. Im schriftsprachlichen Bereich haben einige Kinder Probleme, sich genau auszudrücken und orthographische Regeln, die sich von der Lautung herableiten lassen (z.B. Doppelkonsonant nach kurzem Vokal) umzusetzen. Der Leistungsstand ist relativ heterogen. Es gibt sowohl leistungsstärkere als auch -schwächere Kinder. Arbeitshaltung und Arbeitstempo entsprechen dem heterogenen Leistungstand. Drei Kinder werden im Rahmen des Gemeinsamen Unterrichts sonderpädagogisch gefördert. Die Förderschwerpunkte liegen im Bereich „Lernen". Ihr Leistungsstand ist sehr unterschiedlich. Alle drei werden zieldifferent gefördert. Neuen Unterrichtsinhalten stehen die Kinder meist offen und aufgeschlossen gegenüber. Die meisten Kinder beteiligen sich aufmerksam und gerne am Unterrichtsgeschehen. Im Allgemeinen sind die Kinder gut zu motivieren.

Sachstruktureller Entwicklungsstand:

Die Kinder haben sich im Rahmen der Unterrichtsreihe Wetter bereits mit dem Thema Luft auseinander gesetzt. So war ihnen auch bereits die Schallausbreitung bei Gewitter und der Zusammenhang zwischen dem Sehen des Blitzes und dem Hören des Donners bekannt. Sie hatten zu Beginn dieser Unterrichtsreihe unterschiedliche Vorerfahrungen und unterschiedliches Wissen zum Thema und Begriff Schall. Einigen Kindern waren Begriffe wie Schallschutzmauer, Echo, Ton, Klang bekannt. Während

---

[13] vgl. ebd. S. 5

eines Hörspazierganges und im Rahmen eines Hörrätsels konnten sie jedoch viele Alltagsgeräusche sehr genau bestimmen. Sie hatten viele Ideen wie Schall erzeugt wird. Dabei stand eher die Tätigkeit im Vordergrund. Das Schwingen der Gegenstände wurde erst im Rahmen der durchgeführten Experimente erkannt. Dabei haben die Kinder festgestellt, dass die Gegenstände „vibrieren". In einer weiteren Einheit haben die Kinder erkannt, dass Luft Schall weiter leitet und er so an das Ohr gelangt. Sie haben erfahren, dass Schall einen „Druck" ausübt, der die Luft so stark zum Schwingen bringen kann, dass beispielsweise eine Kerze von einer Schallwelle gelöscht, oder man Schall am eigenen Körper spüren kann (z.B. Schallwelle einer Trommel vor dem Bauch). Einige Kinder haben in diesem Zusammenhang Begriffe wie „Schallwelle" und „Schalldruck" selbst entwickelt.

Methodenkompetenz:

Das Experimentieren in Gruppen ist den Kindern bereits aus Experimenten zu Luft und Luftdruck im Rahmen der Unterrichtsreihe „Wetter" und aus Experimenten zur eigenen Stimme im Rahmen der Unterrichtsreihe „Kinder lernen mitzureden" bekannt. Sie sind mit Gruppen- und Partnerarbeit vertraut. Die Forscherregeln sind im Rahmen der Unterrichtsreihe sukzessive entstanden und mit den Kindern gemeinsam entwickelt worden. Manchmal müssen sie noch an die Einhaltung dieser erinnert werden, insbesondere „erst vermuten, dann ausprobieren." Das Entwickeln eigener Experimente hatte bisher einen hohen Aufforderungscharakter. Es war für die Kinder jedoch noch eine große Herausforderung und wird durch gemeinsames Entwickeln und Materialimpulse erst angebahnt. Das Dokumentieren in einem gemeinsamen Forscherheft ist für die Kinder neu und es fällt ihnen noch manchmal schwer, sich abzusprechen, was sie schreiben wollen und wer schreibt.

Hinweise zu einzelnen Schülerinnen und Schülern

SchülerInnenverhalten	Konsequenzen für den Unterricht
XY (GU-Kind) ➢ zieldifferent gefördert ➢ hat Schwierigkeiten, zu beschreiben, zu vermuten und zu deuten ➢ kann sich nur kurze Phasen konzentrieren ➢ versteht schriftliche Arbeitsaufträge nicht	➢ Integration in ein Lernteam, Teammitglieder schreiben Vermutungen, Beobachtungen und Erklärungen auf ➢ Ermutigung und Hilfe
XY(GU-Kind) ➢ zieldifferent gefördert ➢ Schwierigkeiten, schriftliche Arbeitsaufträge zu verstehen ➢ durchaus motiviert Lernprozesse selbst zu organisieren, braucht jedoch noch viel Unterstützung und Hilfe ➢ Probleme, sich sprachlich differenziert und genau	➢ Integration in ein Lernteam, Teammitglieder helfen beim Aufschreiben oder schreiben Vermutungen, Beobachtungen und Erklärungen auf ➢ Ermutigung / Hilfe durch die Lehrperson

auszudrücken, wie etwa beim Beschreiben, Vermuten und Deuten, fehlender Wortschatz ➢ oft unsicher	
XY (GU-Kind) ➢ zieldifferent gefördert ➢ kann sich nicht sehr lange konzentrieren, unruhig, nervös, angespannt ➢ große Unsicherheiten ➢ Probleme, sich sprachlich differenziert und genau auszudrücken, wie etwa beim Beschreiben, Vermuten und Deuten, fehlender Wortschatz ➢ stößt er an seine Grenzen, reagiert er oft mit Vermeidung	➢ Integration in ein Lernteam, Teammitglieder helfen beim Aufschreiben oder schreiben Vermutungen, Beobachtungen und Erklärungen auf ➢ gezieltes Ansprechen, um ihn zum Unterrichtsgeschehen zurückzuholen / positive Verstärkung „Tokensystem", Ermutigung / Hilfe durch Lehrperson ➢ gezielte Beobachtung, / eventuell Bewegungspause
XY ➢ Schwierigkeiten, Lernprozesse selbständig zu organisieren und zu strukturieren ➢ wenig Selbstbewusstsein und Vertrauen in die eigene Leistungsfähigkeit ➢ Schwierigkeiten, Vermutungen und Erklärungen zu entwickeln	➢ Ermutigung /Hilfe durch die Lehrperson ➢ Anregung, Tippkarten zu nutzen
XY ➢ ADHS, Gabe von Medikamenten derzeit ausgesetzt ➢ verhaltensauffällig ➢ kann sich teilweise nicht sehr lange konzentrieren, lenkt sich leicht ab ➢ unsicher, wenig Vertrauen in eigene Leistungsfähigkeit ➢ immer wieder interessieren ihn Tätigkeiten anderer Kinder ➢ hat wenig Anstrengungs- und Ausdauerbereitschaft, hat wenig Arbeitsruhe ➢ hält sich oftmals nicht an Klassenregeln, hat Schwierigkeiten damit, Ruhezeichen und Absprachen einzuhalten	➢ Ermutigung / Hilfe durch die Lehrperson ➢ gezieltes Ansprechen / Berühren, um ihn zum Unterrichtsgeschehen zurückzuholen/ gezielte Beobachtung / Hinweis auf klare Regeln / Tokensystem mit positiver Verstärkung / Verhaltensprotokoll in Zusammenarbeit mit Mutter ➢ Anregung, Tippkarten zu benutzen
XY ➢ Schwierigkeiten, sich auf die gestellte Aufgabe zu konzentrieren ➢ lenkt sich leicht ab ➢ wenig Vertrauen in eigene Leistungsfähigkeit	➢ gezieltes Ansprechen, um ihn zum Unterrichtsgeschehen zurückzuholen ➢ Ermutigung / Hilfe durch die Lehrperson

XY	
➢ ADHS, mit Medikamenten eingestellt ➢ geringe sprachliche Ausdrucksmöglichkeiten ➢ niedrige Frustrationstoleranz, eventuell emotionale Ausbrüche	➢ Ermutigung durch die Lehrperson ➢ gezieltes Ansprechen, Beruhigen durch die Lehrperson
XY	
➢ lenkt sich leicht ab, Probleme mit einer Aufgabe zu beginnen, wenig Selbstbewusstsein ➢ graphomotorische Schwierigkeiten ➢ sehr interessiert und leistungsstark im Bereich Naturwissenschaften	➢ gezieltes Beobachten ➢ gezieltes Ansprechen, um ihn zum Unterrichtsgeschehen zurückzuholen ➢ Ermutigung / Hilfe durch die Lehrperson ➢ Gebrauch von geeignetem Schreibmaterial (angespitzter Bleistift) ➢ Ermutigung, eigenen Ideen vorzustellen

3.2.2. Bedeutung des Themas für die Kinder

Die alltägliche Umwelt der Kinder, vor allem im Wohnumfeld Stadt, ist „mit Schall gefüllt". Sie sind täglich und fast ununterbrochen von vielen angenehmen und unangenehmen Geräuschen (z.B. Straßenbahn, Eisenbahn, Straßenverkehr), Tönen (z.B. elektronische Musik) und Klängen (z.B. klassische Musikinstrumente, Popmusik) umgeben. Kinder erschließen sich ihre Welt zu einem wesentlichen Teil, indem sie hören, das Gehörte verarbeiten, darauf reagieren und kommunizieren, indem sie Geräusche, Klänge, Lärm erzeugen.

Wie diese Geräusche, Töne, Klänge und Lärm sich verbreiten und in Ohr gelangen ist vielen nicht bewusst.

Die Auseinandersetzung mit der Übertragung von Schall verhilft ihnen durch Probieren, Erkunden und Experimentieren den Gesetzmäßigkeiten der Schallphänomene auf die Spur zu kommen. So können sie Schallphänomene in der Umwelt und eigene Schallkonstruktionen in Ansätzen verstehen und erklären. Das ungeordnete Vorwissen (Präkonzepte) der Kinder über Schall kann strukturiert werden. Nicht zuletzt trägt die Auseinandersetzung mit Schall auch zur Gesundheitserziehung bei, indem den Kindern über das Verständnis des Phänomens auch die Auswirkungen von Lärm und die Notwendigkeit von Lärmschutz bewusst werden können. Auch werden die Kinder sensibilisiert, dem Phänomen Schall bewusster zu begegnen.

Das forschende Lernen leistet einen Beitrag zur Denkentwicklung und zur Selbständigkeit der Kinder.

Das Interesse und die Motivation der Kinder, sich mit naturwissenschaftlichen Phänomenen auseinander zu setzen, kann geweckt werden. Auch den häufigen Erfahrungsdefiziten von Mädchen in diesem Bereich kann entgegengewirkt werden.

3.3. Ich (Grundsätze und didaktisch-methodische Entscheidungen der Lehrperson)

3.3.1. Grundsätze der kognitiv aktivierenden Lehr- und Lernumgebung

Um den Kindern eigene Entdeckungen des Phänomens Schall zu ermöglichen, sind mir folgende Grundsätze für eine kognitiv aktivierenden Lehr- und Lernumgebung wichtig:

- Förderung des selbständigen Denkens
- Förderung eines aktiven Lernens der Kinder durch motivierende Fragestellungen und eine anregende Lernumgebung mit Möglichkeiten zum Selber-Tun
- Die Berücksichtigung der Präkonzepte der Lernenden (Ideen, Erklärungen und Vorstellungen, die Kinder in den Unterricht mitbringen)
- Zurückhaltung der Lehrkraft beim Erklären von Versuchen / Unterstützung entdeckender Lernprozesse
- das Fördern gemeinsamer Denkprozesse in der Kleingruppe und in Klassengesprächen
- die Reflexion von Lernprozessen[14]

3.3.2. Didaktisch-methodische Entscheidungen

Der inhaltliche Schwerpunkt liegt im Erkennen, dass Schall sich auch in festen und flüssigen Medien ausbreiten kann. Dazu führen die Schülerinnen und Schüler gezielt Experimente durch, stellen Vermutungen an, beobachten und deuten Beobachtungen und mögliche Erklärungen im gemeinsamen Austausch mit einem (zwei) Partner(n). Dieses Lernziel gilt für alle Kinder. Die Experimente sind so angelegt, dass weitere Erkenntnisse gewonnen werden können: Feste, flüssige Medien leiten Schall besser als Luft. Leistungsstärkere Schülerinnen und Schüler haben darüber hinaus die Möglichkeit, zu erkennen, dass nicht alle festen Materialien den Schall gleich gut leiten (s. Station 7).

Ich habe mich für das Arbeiten an Stationen entschieden, da es das selbständige Experimentieren unterstützt und jedes Kind entsprechend seinem Lerntempo arbeiten kann. Zudem lässt die Methode Individualerfahrungen zu. Aufgrund des Materialeinsatzes ist das Arbeiten an festen Stationen praktisch.

Die Initiation und Orientierung finden im Sitzkreis statt, um ein gemeinsames Gespräch und eventuell das Benutzen von bereitliegendem Material zu ermöglichen. Als Initiation sehen die Kinder die Lehrerin an der Tür lauschen und haben die Möglichkeit, sich zu äußern. In der Orientierung werden sie mit der Frage konfrontiert, ob Schall sich überhaupt durch feste Materialien oder Wasser ausbreiten kann. Ich habe mich zur besseren Verständlichkeit entschieden, den Begriff Materialien als didaktische Reduktion

---

[14] *Klasse(n)kisten für den Sachunterricht:* Ein Projekt des Seminars Didaktik des Sachunterrichts im Rahmen von KiNT. Kinder lernen Naturwissenschaft und Technik, Entwurf S. 10

für das schwer zu verstehende Wort „Medium" zu nutzen. In der Orientierung äußern die Kinder Vermutungen, damit sie ihr Vorwissen und erste Ideen aktivieren können. Die Kinder werden angeregt, zu Ideen zu äußern, wie man die Schallübertragung in festen Medien überprüfen kann. Als Impulsgeber werden, wenn nötig, einige Gegenstände in die Mitte gelegt. Die Kinder erfahren, dass sie in ihren Forscherteams weitere Experimente durchführen dürfen, um herauszufinden, ob feste und flüssige „Materialien" Schall weiterleiten.

In der Transformation führen die Kinder die Experimente zum Phänomenkreis „Schallübertragung in festen und flüssigen Medien" in ihren bekannten Forscherteams (4 Dreiergruppen, 3 Zweiergruppen) durch. Dies fördert zum einen den Austausch untereinander, zum anderen erhalten die Kinder so gegenseitige Hilfe und Unterstützung. Es sind sieben Experimente und eine Station zum freien Experimentieren als Stationenlauf aufgebaut. Kinder, die eigene Experimentierideen haben, können diese hier durchführen und überprüfen. Das Experiment wird auf einem Arbeitsblatt dokumentiert, um es selbst nachzuvollziehen und es den anderen Kindern vorzustellen und zum Ausprobieren zur Verfügung zu stellen

Die Kinder dokumentieren gemeinsam in einem Forscherbuch ihre Vermutungen, Beobachtungen und Erklärungen, um ein bewusstes Nachdenken und das eigene Entdecken und Entwickeln von Erklären zu fördern. Ich habe mich für den Einsatz von Arbeitsblättern entschieden, um den Kindern durch die Bilder und Form Struktur zu geben.

Die Vermutungen, Beobachtungen und Erklärungen schreiben die Kinder in Absprache auf. So werden die GU-Kinder entlastet und gemeinsame Absprachen werden angeregt. Auf einem Laufzettel, der Transparenz und Struktur zu den aufgebauten Experimenten gibt, haken die Kinder erledigte Stationen ab. Die Experimente sind so ausgewählt, dass sie mit einfachen, den Kindern vertrauten Gegenständen durchführbar sind. So kann der Bezug zur und die Bedeutsamkeit für die Lebensumwelt hergestellt werden. Die Durchführung der Experimente ist so angelegt, dass den Kindern die Chance gegeben wird, den Unterschied zwischen Schallübertragung durch die Luft und Schallübertragung durch feste / flüssige Medien zu erkennen. Um die Schallausbreitung in festen und flüssigen Medien zu überprüfen ist es so nicht notwendig, dass die Kinder an allen Stationen experimentieren.

Die Experimentieranleitungen sind möglichst kurz und präzise formuliert. Die Bilder als ikonische Hilfestellung, die Aufzählung in Schritten sollen die Kinder beim Lesen unterstützen. Tippkarten mit Fragestellungen geben Unterstützung für das Erklären. Um zu ermöglichen, dass alle Kinder gleichzeitig ihrem Lerntempo entsprechend arbeiten können, sind die einige Stationen materiell so ausgestattet, dass gleichzeitig zwei Forscherteams an einer Station arbeiten können. Durch Klebepunkte auf den Stationskarten erhalten die Kinder eine Transparenz, wie viele Forscherteams an einer Station arbeiten können.

Die Reflexion findet im Sitzkreis statt, um allen Kinder einen Blick auf Materialien zu gewährleisten und Erklärungen so besser verstehen und nachvollziehen zu können. Die Kinder erzählen, was sie bezüglich der Forscherfrage herausgefunden haben. Sie werden angeregt zu beschreiben, welches Experiment sie durchgeführt haben, welche Vermutungen, Beobachtungen und Erklärungen sie aufgeschrieben haben. Da den Experimenten das gleiche Phänomen zugrunde liegt, werden die Kinder angeregt, Parallelen zu anderen Experimenten zu entwickeln. Bei ihren Berichten können die Kinder als Hilfe zur Erklärung teilweise auf das Forschermaterial zurückgreifen. Die neue Erkenntnis, dass Schall außer durch Luft auch noch durch feste und flüssige Medien übertragen wird, wird zur Aufstellung einer Hypothese genutzt, die den Ausblick auf die nächste Unterrichtsstunde gibt. Die Kinder sollen ihre Vermutungen äußern, ob Schall auch weitergeleitet wird, wenn es keine Luft, keine festen und flüssigen Materialien gibt.

Zu erwartende Schwierigkeiten

Schwierigkeit	*Konsequenz für den Unterricht*
Die Kinder vergessen, vor der Durchführung zu vermuten.	Hinweis auf gemeinsam erarbeitetet Forscherregeln, Hilfe durch die Lehrperson
Die Kinder können ihre Vermutungen nicht ausdrücken.	Tippkarten, Tipps / Hilfe durch die Lehrperson
Die Kinder haben Probleme, ihre Erklärungen zu verschriftlichen.	Tippkarten, Tipps / Hilfe durch die Lehrperson
Die Kinder führen die Versuchsanleitung nicht genau genug durch. Es treten in der Wahrnehmung andere als die beabsichtigten Eindrücke auf.	Tipps/ Hilfe durch die Lehrperson
Die Kinder lassen den ersten Schritt, die Übertragung des Schalls durch die Luft aus und beginnen sofort mit dem zweiten Schritt, der Übertragung des Schalls nur durch das Medium.	Hinweis auf Reihenfolge mit der Begründung warum dieses Vorgehen notwendig ist.
Kinder, die (Station 8: freies Experiment) machen wollen, haben Probleme, ein Experiment zum Phänomenkreis Schallübertragung in flüssigen und festen Medien zu entwickeln. Das erfundene Experiment entspricht nicht dem Schwerpunkt „Schallübertragung in festen und flüssigen Medien	Hilfe durch die Lehrperson, ggf. Materialanregung, Tipps
Wenn die Sensibilität des Innenohrs eines Kindes gestört ist, kann die Wahrnehmung beeinträchtigt werden.	

<u>**4. Lernchancen:**</u>

Zentrale Absicht der Stunde: s. Deckblatt

Sacherfahrungen:

Die Kinder haben die Möglichkeit, ...

- einen tieferen Einblick in das Phänomen Schall zu erhalten.

- ihre Kenntnisse über die Ausbreitung von Schall zu erweitern.

- das Vermuten und Erklären von naturwissenschaftlichen Phänomenen zu üben.

Sozialerfahrungen:

Die Kinder haben die Möglichkeit, ...

mit einem Partner/einer Partnerin oder einer Kleingruppe zusammen zu arbeiten und dabei ...

- anderen Kindern Hilfe zu leisten und Hilfe anderer anzunehmen.

- zum Thema miteinander zu kommunizieren.

- zu kooperieren und aufeinander Rücksicht zu nehmen.

- einander zuzuhören und aufeinander einzugehen.

Individualerfahrungen:

Jedes Kind hat die Möglichkeit, ...

- seine individuellen Vorerfahrungen zum Phänomen Schall zu erweitern und zu vertiefen.

- sein selbständiges Lernen zu schulen.

- eigene Vermutungen zu äußern und zu überprüfen.

- ein eigenes Experiment zur Schallübertragung zu entwickeln.

- in seinem eigenem Tempo zu arbeiten.

- Tipps und Hilfe zu nutzen.

- seinen Fähigkeiten entsprechend zu arbeiten und sich bei auftretenden Schwierigkeiten Hilfe von den Mitschülern oder der Lehrperson zu holen.

- Spaß und Freude am Sachunterricht zu erfahren.

<u>5. Medien: (s. Übersicht zu den einzelnen Stationen)</u>

6. Übersichtsblatt zum geplanten Lernen:

Initiation	Orientierung
Stiller Impuls: Lehrerin lauscht an der Tür. **Medien:** Tür **Sozialform:** Sitzkreis **ungefährer Zeitbedarf:** 2 Minuten	Die Kinder stellen erste Vermutungen an, ob andere Materialien als Luft auch Schall übertragen. Forscherfrage: Die Kinder entwickeln Ideen, wie man überprüfen könnte, ob Schall auch in anderen Medien als Luft übertragen wird. Zieltransparenz: Die Kinder erfahren, dass sie zur Beantwortung der Forscherfrage Experimente im Rahmen eines Stationenlaufes bearbeiten dürfen. Hinweis auf genaues Lesen und Reihenfolge (vermuten, beobachten, erklären), Erinnerung an die neu entwickelten Forscherregeln Hinweis auf Zeitrahmen und Reflexion **Medien:** visualisierte Forscherfrage, als zusätzlicher Impuls Materialien, um Ideen anzuregen **Sozialform:** Sitzkreis **ungefährer Zeitbedarf:** 10 Minuten
Transformation	**Reflexion**
Die Kinder führen Experimente zur Schallübertragung in festen Medien und Wasser durch. Dabei besprechen sie sich mit ihrem Partner oder der Kleingruppe. Sie notieren ihre Vermutungen, Beobachtungen und Erklärungen auf Arbeitsblättern in ihrem Forscherheft. **Medien:** Stationenkarten, Arbeitsblätter, Tippkarten, Löffel, Schnur, Schnurtelefon, Wecker, Kochlöffel, Lineale, Wasserbecken, Steine, Handtuch, Stimmgabeln, weitere Medien als Anregung (s. Station 8) **Sozialform:** Sitzkreis **ungefährer Zeitbedarf:** 35 Minuten	Einige Kinder stellen zur Beantwortung der Forscherfrage ihre Vermutungen, Beobachtungen und Erklärungen vor. Das Material einiger Stationen liegt bereit, um Erklärungen zu unterstützen. Die Kinder stellen fest, dass Schall durch feste, flüssige und gasförmige Medien übertragen werden kann. Die Kinder werden angeregt, die Schallübertragung durch Luft mit der Schallübertragung durch die Festen Materialien und Wasser zu vergleichen, und Unterschiede zu benennen. Die Kinder werden aus der neuen Erkenntnis heraus mit der Hypothese konfrontiert, ob Schall immer ein Medium braucht, um sich auszubreiten? Damit erfolgt ein Ausblick auf die nächste Unterrichtsstunde. **Medien:** Materialien von den Stationen, die mitgenommen werden können. **Sozialform:** Sitzkreis **ungefährer Zeitbedarf:** 15 Minuten

7. Übersicht zu den einzelnen Stationen

Ich habe mich entschieden, ein Ziel zu jeder Station zu formulieren das dem Lernschwerpunkt entspricht und das alle Kinder innerhalb der Transformation erreichen können. Weitere Entdeckungen und Erkenntnisse, die einige Kinder auch in der Transformation machen können, sind mit blauer Schrift gekennzeichnet.

Station	Medien	Inhalt/ Aktivität der Kinder	Ziel(e)	Anmerkungen
1 **Das Schnurtelefon**	Stationskarte, Arbeitsblatt, Schurtelefon, Tippkarte	Die Kinder lesen den Auftrag und vermuten, was passiert. Abwechselnd sprechen die Kinder leise ohne Schnurtelefon und versuchen einander zu verstehen. Anschließend sprechen sie leise über das Schnurtelefon und vergleichen den Effekt. Die Kinder notieren ihre Beobachtungen und Erklärungen.	Die Kinder erkennen, dass sie sich durch das Schnurtelefon (Faden, Dose) besser verstehen können und dass die Schnur Schall leitet. Die Kinder können entdecken, dass die Schnur den Schall besser leiten kann als Luft.	Das Experiment ist auf dem Flur aufgebaut, um den Kindern Entdeckungen besser zu ermöglichen. Der Faden muss straff gespannt sein, um eine Verfälschung der Eindrücke zu vermeiden. Didaktische Reduktion: Für die Erklärung reicht es aus, dass die Kinder erkennen. Dass der Faden (evtl. auch die Dose) den Schall leitet.
2 **Die Löffelglocke**	Stationskarte, Arbeitsblatt, Löffel, Schnur, Tippkarte	Die Kinder lesen den Auftrag und vermuten, was passiert. Sie wickeln Fäden, an denen ein Löffel hängt um die Zeigefinger und schwingen den Löffel gegen die Tischkante. Danach wiederholen sie den Versuch, stecken aber zuvor die Finger in die Ohren und vergleichen den Effekt. Die Kinder notieren ihre Beobachtungen und Erklärungen.	Die Kinder erkennen, dass der Schall über den Faden (und Finger) ins Ohr geleitet wird. Sie können erkennen, dass der eigene Körper (Zeigefingerspitzen) den Schall weiterleitet. Sie können entdecken, dass der Faden und Finger den Schall besser leiten als die Luft.	
3 **Der Stimmgabelversuch**	Stationskarte, Arbeitsblatt, Stimmgabel, Tippkarte	Die Kinder lesen den Auftrag und vermuten, was passiert. Die Kinder winkeln einen Arm an und stecken einen Finger ins Ohr. Sie schlagen eine Stimmgabel an und	Die Kinder erkennen, dass Stimmgabel und Arm den Schall übertragen. Sie können entdecken, dass der Arm den Schall besser	

		halten diese an den Ellenbogen. Die Kinder notieren ihre Beobachtungen und Erklärungen.	leitet als die Luft.	
4 **Der Wundertisch**	Stationskarte, Arbeitsblatt, Tisch, Tippkarte	Die Kinder lesen den Auftrag und vermuten, was passiert. Die Kinder wechseln sich ab. Ein Kind kratzt leise mit dem Finger an der Tischplatte. Das andere Kind versucht das Geräusch zu hören. Anschließend kratzt ein Kind wieder leise an der Tischplatte, das andere Kind legt seinen Kopf auf die Tischplatte und hört das Geräusch. Die Kinder notieren ihre Beobachtungen und Erklärungen.	Die Kinder entdecken, dass das Geräusch des Kratzens durch die Tischplatte übertragen wird. Sie erkennen, dass die Tischplatte den Schall besser leitet als die Luft. Wenn sie zu zweit hören, können sie erkennen, dass sich der Schall in alle Richtungen ausbreitet.	Dieser Versuch bietet sich zur Wiederholung in der Unterrichtseinheit Schallausbreitung an. Es kann auf die gemachten Erfahrungen zurückgegriffen werden.
5 **Wasserexperiment**	Stationskarte, Arbeitsblatt, Wasserbecken, zwei Steine, Tippkarte	Die Kinder lesen den Auftrag und vermuten, was passiert. Die Kinder wechseln sich ab. Ein Kind schlägt zwei Steine aneinander, das andere Kind hört das Geräusch. Anschließend schlägt ein Kind die Steine unter Wasser aneinander während das andere Kind am Beckenrand lauscht. Die Kinder notieren ihre Beobachtungen und Erklärungen.	Die Kinder erkennen, dass Wasser den Schall leitet. Sie können entdecken, dass Wasser den Schall besser leitet als Luft.	In diesem Experiment hören die Kinder nicht nur die Schallübertragung durch das Wasser. Der Eindruck wird leicht verfälscht, da das Glas des Beckens den Schall ins Ohr leitet. Ich habe mich für diese didaktische Reduktion entschieden, weil feststellbar ist, dass das Wasser den Schall leitet und weil ich es nicht für sinnvoll halte, dass die Kinder ihr Ohr in das Wasser halten. Das Experiment kann als Ausgangspunkt genommen werden, um die Kinder anzuregen, zu Hause in der Badewanne oder im Schwimmbad weitere eigene Entdeckungen zum Phänomen Schall zu machen.
6 **Faden kratzen**	Stationskarte, Arbeitsblatt, Faden	Die Kinder lesen den Auftrag und vermuten, was passiert. Die Kinder wechseln sich ab. Ein Kind kratzt am Faden, beide Kinder hören das Geräusch. Anschließend legt ein	Die Kinder entdecken, dass der Faden den Schall leitet. Sie können erkennen, dass der Schall durch den Faden (und die Hände) besser	

		Kind den Faden um den Hinterkopf. Dabei verdecken die Hände flach die Ohren. Es wird am straffen Faden gekratzt. Das andere Kind hört die Geräusche. Die Kinder notieren ihre Beobachtungen und Erklärungen.	weitergeleitet wird als durch die Luft.	
7 Der Wecker	Stationskarte, Arbeitsblatt, Wecker, Holzlineal, Metalllineal, Plastiklineal	Die Kinder lesen den Auftrag und vermuten, was passiert. Die Kinder vergleichen die Übertragung des Geräusches des tickenden Weckers durch die Luft, durch ein Plastiklineal, ein Holzlineal und ein Metalllineal. Dabei halten sie das Lineal jeweils zwischen Wecker und Ohr. Die Kinder vergleichen das Geräusch. Die Kinder notieren ihre Beobachtungen und Erklärungen.	Die Kinder erkennen, dass die Gegenstände den Schall vom Wecker zum Ohr leiten. Sie entdecken, dass die Gegenstände den Schall besser leiten als die Luft. Sie bemerken, dass die Gegenstände (Holzlineal, Metalllineal…) den Schall unterschiedlich gut leiten.	Das Experiment enthält die Möglichkeit, die Schallübertragung mehrer fester Materialien zu testen und dabei einen Unterschied in der Schallübertragung festzustellen. Diese Möglichkeit geht über die Lernmöglichkeiten der anderen Stationen hinaus. Hier soll den Kinder die Möglichkeit zur Erkenntnis gegeben werden, dass nicht alle festen Materialien den Schall gleich gut leiten. Diese Station bietet eventuell einen Ausblick auf die nächste Unterrichtseinheit.
8 freies Experiment	Stationskarte, Arbeitsblatt, Schnur, Löffel, Glas, Becher, Dosen, Gummis, Klanghölzer, Triangel, Stimmgabeln, Regenrohr	Die Kinder überlegen und entwickeln ein eigenes Experiment, um zu überprüfen, ob Schall sich auch in anderen Medien als Luft ausbreitet. Sie dokumentieren ihr Experiment auf einem Forscherzettel.	Die Kinder entwickeln ein eigenes Experiment zum Thema und erkennen eventuell, dass in ihrem Experiment der Schall durch das ausgesuchte Material (besser als durch die Luft). übertragen wird	

8. Literatur:

BROCKHAUS Naturwissenschaft und Technik:
Band 3: Ph bis Z. S. 1727-1732. Spektrum Verlag. Heidelberg, 2003

Bundeszentrale für gesundheitliche Aufklärung (Hrsg.):
Lärm und Gesundheit. Materialien für die Grundschule. Köln

Challoner, J.:
Laut und leise. Saatkorn Verlag. Lüneburg, 1997

Cohn, R(Hrsg.).:
Lebendiges Leben und Lehren – TZI macht Schule. Klett – Cotta Verlag. Stuttgart, 1993

Dröscher, V.B.:
Tiere – Wie sie sehen, hören und fühlen. Tessloff Verlag. S. 26-34. Nürnberg, 1979

Faller, A.:
Der Körper des Menschen. 13. Auflage. Thieme Verlag. Stuttgart, 1999

Grönemeyer, D.:
DIE NEUEN ABENTEUER DES KLEINEN MEDICUS. 1. Aufl. Rowohlt Verlag. Reinbeck, 2007

Hammer,K.I:
Grundkurs der Physik. Teil 1. Oldenbourg Verlag. München, 1973

Hann, J.:
Spannende Projekte und Versuche aus Wissenschaft und Technik. Christian Verlag. München, 1992

Keen, M.L.:
Was ist was. Die Welt des Schalls. Tessloff Verlag. Nürnberg, 1979

Klang und Krach:
Sache-Wort- Zahl. Heft 11. Aulis Verlag. Köln, 1997

Klasse(n)kisten für den Sachunterricht:
Ein Projekt des Seminars Didaktik des Sachunterrichts im Rahmen von KiNT. Kinder lernen Naturwissenschaft und Technik. Westfälische Wilhelmsuniversität Münster. Entwurf. Münster, 2002

Köhnlein, W.:
Schallphänomene beobachten. Schall braucht Zeit. In: Naturwissenschaften im Unterricht. 34 (1986) 16. S. 12-16

Köhte, R.:
Das neue Experimentierbuch. 150 Experimente aus Physik, Chemie und Biologie. Tessloff Verlag. Nürnberg, 1986

Mein erstes Buch vom Schall:
Tessloff Verlag. Nürnberg. 1991

Ministerium für Schule und Weiterbildung Nordrhein-Westfalen:
Lehrplan Sachunterricht. Entwurf, Düsseldorf, 28.01.2008

Oberdorfer, G.:
Das springende Ei und andere Experimente für die fünf Sinne. 3. Aufl. Zytlogge Verlag. Bern, 1994

Schöne, K.:
„Mit KLING-KLANG-KLUNG, mit KRX und BRR und WUM" in Bauer, D. „Haste Töne".
Verlag neue Musik. Berlin, 1984

Steinmann, A.:
Naturphänomene: Schall. Arbeitsheft. Schroedel Verlag, Hannover, 1997

Stiegler, L. (Hrsg.):
Natur und Technik. Physik. Gesamtausgabe 1+2. Cornelsen-Vehlhagen&Klasing
Verlagsgesellschaft. Berlin, 1979

Stiftung PHÄNOMENTA:
1.   Auflage. S. 22-25, 33-37, 42-47, 60- 74,94-99, 106, 107,

Wagenschein, M.:
Kinder auf dem Wege zur Physik, Mit Beiträgen von Agnes Banholzer und Siegfried
Thiel. Beltz Verlag. Weinheim und Basel, 1990

Walkenstein, J. und Meier, R.:
Die Welt des Schalls. Schall im Unterricht. In: Sachunterricht Grundschule. Heft 4/1999.
Kallmeyer Verlag. Seelze, 1999

Westphal, W.:
Physik Lehrbuch. 14. und 15 Auflage. S. 180-220. Springer Verlag. Heidelberg, 1950

Wiebel, H.:
Experimente zu akustischen Phänomenen. In: Die Grundschulzeitschrift. Heft 139/2000.
S. 3-20. Friedrich Verlag. Hannover, 2000

Wulf, P. und Euler, M.:
Ein Ton fliegt durch die Luft. Vorstellungen von Primarstufenkindern zum
Phänomenbereich Schall. In: Physik in der Schule 33. 7-8, S. 254-260, 1995

Internet-Links:
http://www.edu.lmu.de/supra/schall.htm

http://www.edu.lmu.de/supra/schall.htm

http://de.wikipedia.org/wiki/Ohr

http://www.physikfuerkids.de/wiewas/musik/schall.html

http://www.fgh-gutes-hoeren.de/fgh/hoertests/online-hoertest.html

http://hearcom.eu/main/Checkingyourhearing/testarea/3digit_de.html

http://www.zum.de/dwu/umapas.htm

http://www2.imw.tu-clausthal.de/inhalte/forschung/projekte/EQUIP/studiarbeit/G3.html

http://www.phonetik.uni-muenchen.de/AP/APKap1.html

http://www.edmond.nrw.de

II. Beratung einer Kollegin nach Unterrichtshospitation

1. Unterrichtsplanung und Vorbereitung der Lernumgebung

Name:________________   Datum:________________

Thema der Unterrichtstunde:____

1. Ermittlung und Darstellung der Ausgangslage des Unterrichts

Bewertung	++	+	0	—
Statistische Angaben				
Allgemeiner Entwicklungsstand				
Kognitiver Entwicklungsstand				
Sachstruktureller Entwicklungsstand				
Standortbezüge				
Situationsbezüge				
Darstellung der Lernumgebung				

2. Inhaltsdarstellung und Zielsetzung

Bewertung	++	+	0	—
Anspruchsniveau von Thematik und Zielen				
Lehrplanbezug				
Lernschwerpunkt an Fachwiss. und Fachdidakt. orientiert				
Zielformulierung entspricht dem Schwerpunkt				
Systematisierung				
Begründungen				
Fachliche Richtigkeit				
Vernetzung und Verbindungen				
Alternativen				
Perspektiven				

3. Methodenkonzeption und Medieneinsatz

Bewertung	++	+	0	—
Darstellung der meth. Gesamtkonzeption				
Rückbezug zur Ausgangslage				
Variabilität der meth. Entscheidungen				
Differenzierung				
Angemessenheit des Medieneinsatzes				
Variationsbreite des Medieneinsatzes				
Aktivierungspotential der Medien				
Vermittlung von Schlüsselqualifikationen				

++ trifft in besonderem Maße zu   + trifft zu   0 nicht zu beobachten   — trifft nicht zu

2. Unterrichtsbeobachtung

Name:_________________________   Datum:_______________

Thema der Unterrichtstunde:____

1. Personale Kompetenz / Lehrer(innen)verhalten

Bewertung	++	+	0	—
Rollensicherheit				
Rituale				
Klare Körpersprache				
Sprachliche Korrektheit				
Verständliche Lehrersprache				
Fachliche Richtigkeit				
Umgangston				
Sinnstiftende Gesprächsführung				
Sprechanteil				
Umgang mit Störungen / Konfliktlösetechniken				
Wertschätzung / Feedback				
Übersicht über Lerngeschehen				
Ausgewogenheit der Lernbegleitung – Prinzip der minimalen Hilfe				
Zeitmanagement				
Organisationsvermögen				

2. Inhaltsdarstellung und Zielsetzung

Bewertung	++	+	0	—
Initiation, Anregung von Lernprozessen, herausfordernde Lernaufgabe				
Zieltransparenz, -klarheit				
Lernhilfen				
Zusammenhang von Sach-, Sozial u. Selbstkompetenz				
Anregung von Interaktion				
Unterstützung selbstorganisierenden Lernens				
Plausible Gliederung des Unterrichtsinhaltes				
Kindorientierung / Nutzen / Aufnahme / Einsatz von Schüler(innen)äußerungen				
Hoher Anteil echter Lernzeit - Arbeit am Schwerpunkt				
Flexibilität/prozessbezogenes Variieren / Anpassung der Steuerungstechniken an die Lernsituation				
Transfer des Gelernten				
Stunde endet abgerundet, nicht unterbrochen				

3. Methodenkonzeption und Medieneinsatz

Bewertung	++	+	0	—
Methoden passen zu den Zielen, sind ihnen untergeordnet				
Aktive Mitarbeit der Schüler(innen)				
Lernarrangement entspricht den Grundbedürfnissen, -fähigkeiten				
Lernarrangement fördert kreatives / entdeckendes Lernen				
Einsatz fachspezifischer Arbeitsweisen				
Lässt Kinder eigene Kompetenz erleben, knüpft an Stärken an				
Lernarrangement und Sozialform ermöglichen Lerneffekte im affektiven, sozialen und kognitiven Bereich				
Qualität der Kommunikation zwischen den Schülerinnen und Schülern				
Maßnahmen der Differenzierung zur individuellen Förderung – individuelle Lernzeit				
Effizienz der eingesetzten Methoden und Medien				

++ trifft in besonderem Maße zu   + trifft zu   0 nicht zu beobachten   — trifft nicht zu

3. Das Beratungsgespräch

Frau Lutz hat sich bereit erklärt, diese Revision durch eine Unterrichtshospitation und ein anschließendes Beratungsgespräch zu unterstützen.
Im Vorfeld habe ich mit Frau Lutz ein Gespräch geführt, in dem ich ihr bereits beide Bögen zur Unterrichtsplanung und Beobachtung gegeben habe. Ich habe sie gebeten, den Bogen zur Unterrichtsbeobachtung in Ruhe anzuschauen und über ihren eigenen Beratungswunsch nachzudenken, um mir drei Beobachtungspunkte zu nennen, in denen sie Beratung wünscht. Auf diese Art und Weise werden die Bedürfnisse von Frau Lutz berücksichtigt und die Beratung gezielter vorbereitet und durchgeführt.
Frau Lutz hat mir folgende Beratungspunkte genannt: Integration der GU-Kinder (Maßnahmen der Differenzierung zur individuellen Förderung – individuelle Lernzei)t, Umgang mit Störungen / Konfliktlösetechniken, Lehrersprache. Diese sind im Beobachtungsbogen grau markiert.
Die beiden Bögen zur Unterrichtsplanung und Vorbereitung der Lernumgebung sowie zur Unterrichtsbeobachtung habe ich im Rahmen meiner Tätigkeit als Schulvertreterin in Staatsexamensprüfungen sowie zur Beratung der Lehramtsanwärterin erstellt und sukzessive weiter entwickelt. Im Bogen zur Unterrichtsplanung und Vorbereitung der Lernumgebung sollen aufgrund des Anlasses nur die Inhalte der grau markierten Felder erhoben werden. Der Beobachtungsbogen dient der Erhebung von Kriterien, die gezielt erst in der konkreten Unterrichtsstunde ausgewählt werden sollen (außer Beratungswünsche).

Ziele des Beratungsgespräches

Das Beratungsgespräch ermöglicht Frau Lutz eine Rückmeldung über ihre Leistungsfähigkeit, die sie zur Verbesserung des Unterrichts und der pädagogischen Arbeit sowie für ihre berufspersönliche Weiterentwicklung nutzen kann.
Das Beratungsgespräch mit Frau Lutz fordert im Gegensatz zum Kritikgespräch keine Verhaltensänderung ein. Es soll ihr überlassen bleiben, inwieweit sie eventuelle Kritik akzeptiert und was sie von dieser Rückmeldung / Beratung für ihre berufliche Weiterentwicklung nutzt.

Die Rolle des Beraters

Als Beraterin ist für mich ein klares Rollenverständnis für das Gelingen von Beratung eine wichtige Voraussetzung. Da die Beratung für Frau Lutz einen berufspersönlichen Fortschritt implizieren soll, erhält sie in diesem Gespräch eine aktiv-gestaltende Rolle, indem sie über entscheidende Inhalte der Beratung bestimmt. Um dies zu ermöglichen, habe ich mich für den Gebrauch eines Kartensystems entschieden, aus dem Frau Lutz Inhalte, die für sie relevant erscheinen, heraussuchen kann. Die Karten ermöglichen beiden Gesprächspartnern zu jedem Zeitpunkt Transparenz und eine klare Sachorientierung.
Als Beraterin bin ich vor allem auch für das Setting des Beratungsgesprächs verantwortlich. Nützliche, effektive Beratungsgespräche erfordern ein bestimmtes Setting, in dem eine Reihe von Vorbedingungen möglichst gewährleistet sein sollte. Für dieses Beratungsgespräch will ich folgende Aspekte ermöglichen:

- klare Zeitabsprachen
- störungsfreier Raum
- Stressfaktoren und Hierarchien ausschalten: Für Frau Lutz soll transparent sein, dass ihre Teilnahme freiwillig ist.
- nützliches Beraterverhalten: aktives zuhören (reflektieren, paraphrasieren, nonverbale Signale senden, Verständnisfragen klären), Ich-Botschaften senden, Metakommunikation betreiben, emotional beteiligt sein ohne seine Handlungskompetenz zu verlieren, Ruhe ausstrahlen in Gestik und Mimik, interessiert sein, Echtheit, Wärme, Akzeptanz, moderieren, strukturieren, klären, Metaphern, Gleichnisse, bildhafte Sprache verwenden, realistische Ziele (die Situation, nicht den Menschen verändern), Frau Lutz als autonome Persönlichkeit ernst nehmen
- Grundsätze der Rückmeldung: klar, beschreibend, konkret, brauchbar, zeitnah, im eigenen Namen

Grenzen der Beratung

Bei den Bemühungen um ein optimales Setting darf nicht vergessen werden, dass der Anlass der Beratungssituation ein äußerer ist. Dieser könnte Auswirkungen auf das Setting und somit auf die Qualität der Beratung haben. Ich finde es wichtig, mir der besonderen Situation bewusst zu sein und Störungen ernst zu nehmen.

4. Komponenten des Beratungsgespräches

Die drei Komponenten des Beratungsgespräches sind nicht durchgängig linear als zeitliches Nacheinander zu betrachten. Anteile der drei Komponenten können innerhalb der Beratung auch parallel zeitgleich ablaufen oder wieder aufgegriffen werden. Aus diesem Grund soll die Struktur des Beratungsgespräches als miteinander vernetzte Komponenten dargestellt werden. Kernstück des Beratungsgespräches bildet das Setting.

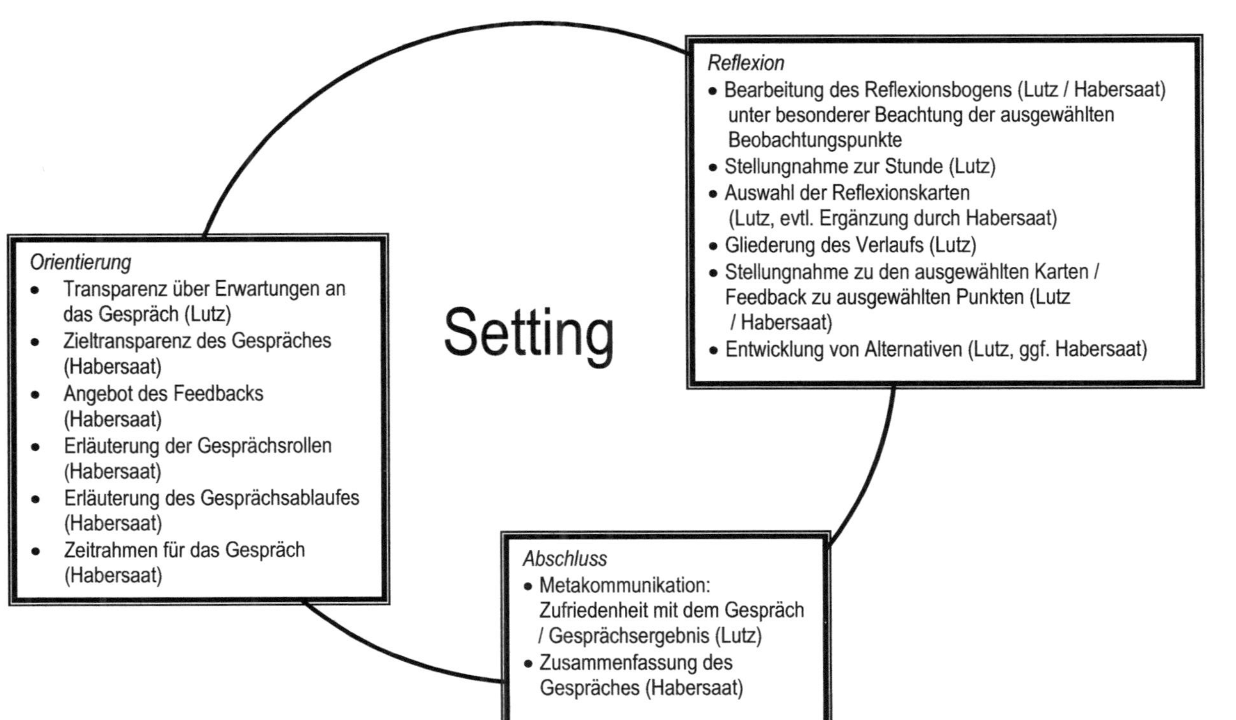

Effizienz
der eingesetzten
Methoden und
Medien

Lernchancen
des einzelnen
Kindes

Verhalten der Kinder
als
Lerngruppe /
Einzelperson

Inhaltlicher
Schwerpunkt

Ich als Lehrerin /
Lehrer

Wesentliche
Aspekte RL / LP

Elemente äußerer
Organisation als
Randbedingung des
Lernens

Variation der
Unterrichtsplanung

Konsequenzen der
heutigen
Unterrichtsstunde

Störung

Störungen haben Vorrang!

Pädagogische
Leitideen

?

- Verhältnis von Aufwand / Effekt
- Waren Sozialformen, Gesprächsformen und das gesamte methodische Vorgehen zielführend /passend für den Lernschwerpunkt?
- Entsprach die Struktur der Medien der Sache und der Zielsetzung?

- Wie konnte das einzelne Kind lernen? (reproduktiv, problemlösend, entdeckend, selbständig)
- Wurden die U-Phasen kindgerecht umgesetzt?
- Waren Individualisierung und oder Differenzierung nötig /sinnvoll?

- Waren die Kinder motiviert?
- Waren die Kinder aktiv und aufmerksam?
- Wie war die Arbeitshaltung?
- Gab es Störungen?
- Wie gestalten sich Interaktionen zwischen Kindern und Lehrperson?

- Arbeiteten die Kinder am Schwerpunkt im Sinne des Ziels?
- Stimmten Schwerpunktsetzung und erklärtes Ziel überein?
- Waren mehrere Schwerpunkte feststellbar?

- Wie war mein persönliches Empfinden während des Unterrichts?
- Wie sahen meine Aktivitäten (Gesprächsführung, Körpersprache, Umgang mit Störungen, Hilfen…) aus?
- Habe ich das Unterrichtsgeschehen eher gelenkt oder offen geführt?

- Erziehender Unterricht
- Systematische Formen des Lernens, Schlüsselqualifikationen
- Aspekte der Lebenswirklichkeit
- Pädagogisches Leistungsprinzip
- Welche relevanten Aspekte des Lehrplans sind spürbar geworden?

- Wie gestaltete sich mein Umgang mit der Zeit in einzelnen Phasen und in der gesamten Stunde?
- Wie war mein Organisationsvermögen (Medien, Wechsel der Sozialformen…)
- Wie sah der Arbeitsplatz der Kinder aus?

- Waren die vorgenommenen Variationen als Veränderung der vorliegenden Planung nötig und sinnvoll?
- Konnte ich meine Steuerungstechniken der Lernsituation entsprechend anpassen?

- Welche Planungs- und / oder Handlungsalternativen sind denkbar?
- Woran möchte ich weiter arbeiten?
- Welche personalen Kompetenzen möchte ich erweitern?

- Es liegt eine Störung (innerhalb/ außerhalb des Beratungsgespräches oder innerpersonal) vor.
- Kann die Störung behoben werden?

- **Leitideen** wie
  - Handlungsorientierung
  - Kindorientierung
  - Soziales Lernen
  - Ermutigende Erziehung
  - ....

- Mir ist etwas unklar.
- Ich habe Fragen zu meiner Unterrichtsstunde.

6. Literaturverzeichnis

Bachmaier, S.:

Beraten will gelernt sein. 3. Aufl. Beltz Verlag. Weinheim und Basel, 1999

Bartz, A.:

Schulleitung und Kommunikation: Beurteilungs- und Feedbackgespräche. Ziele – Funktionen – Phasen. In: *SchulVerwaltung* : Ausgabe für Nordrhein-Westfalen. 18 Jg. 9/2007. S. 243-24. Wolters Kluwer Verlag. Kronach, 2007

Boettcher, W.:

Kollegiale Beratung in Schule, Schulaufsicht und Referendarsausbildung. Peter Lang Verlag. Frankfurt a. M., 1987

Bovet, G. und Frommer, H.:

Praxis Lehrerberatung – Lehrerbeurteilung: Konzepte für Ausbildung und Schulaufsicht. 2. Aufl. Schneider Verlag. Hohengehren, 2001

Busch, K.:

Erfolgreich beraten: ein praxisorientierter Leitfaden für Beratungsgespräche in der Schule. Schneider Verlag. Hohengehren, 2000

Cohn, R., Terfurth, C.:

Lebendiges Lehren und Lernen. TZI macht Schule. Klett-Cotta Verlag. Stuttgart, 1993

Helmke, A.:   Unterrichtsqualität – erfassen, bewerten, verbessern. Kallmeyer Verlag. Seelze, 2003

Hornen, H-G.:

SPOTS- Schulmanagement 1: Beobachtung, Beratung, Beurteilung. 1. Aufl. Buchverlag Kempen. Kempen, 2008

Mutzeck, W.:

Kooperative Beratung – Eine Hilfe und Unterstützung für Leitungsaufgaben. Studienbrief. Fernuniversität Hagen. Hagen, 1999

Pallasch, W. und Kölln, D.:

Lern- und Trainingsprogramm zur Vermittlung pädagogisch-therapeutischer Gesprächs- und Beratungskompetenz. 5. Aufl. Juventa Verlag. München, 2002

Palmowski, W.:

Der Anstoß des Steines. Systemische Beratung im schulischen Kontext. 5. Aufl. borgmann publishing. Dortmund, 2002

Pfundtner, R(Hrsg.).:

Grundwissen Schulleitung. Handbuch für das Schulmanagement. Wolter Kluwer Verlag. Köln, 2007

Retterath, G.:

Über Unterricht reden. In: Bartnitzky / Christiani: Berufseinstieg Grundschule. S. 320 ff. Cornelsen Verlag. Berlin, 2002

Schulze von Thun, F.:

Miteinander Reden 1. 34. Aufl. Rowohlt Verlag. Reinbeck, 2001

III. Leitung einer Konferenz mit pädagogischer Themenstellung

Eltern erfolgreich über individuelle Lernentwicklungen

beraten –

ein Beitrag zum Rahmenkonzept „individuelle

Förderung" an der X.-Schule

1. <u>Kollegium und Elternarbeit</u>

Das Kollegium der X.-Schule setzt sich aus acht Grundschullehrerinnen, einer Lehrerin und einem Lehrer für Sonderpädagogik, zwei Einzelfallhilfen, einer Sozialpädagogin und einer Lehramtsanwärterin zusammen.

Der Gemeinsame Unterricht ist ein durchgängiges Erziehungsprinzip unserer Schule. Er findet in jeder Klasse statt. Das Kollegium ist sehr engagiert und Maßnahmen zur individuellen Förderung werden in allen Klassen umgesetzt. Dies beinhaltet: Differenzierung und Individualisierung der Lernangebote, Ernstnehmen und Akzeptieren der Kinder in ihrer Eigenart, Erziehung zur Toleranz, Erziehung zu Konfliktfähigkeit.[15] Die aufgeführten Aspekte werden im Unterricht praktiziert, stetig evaluiert und weiterentwickelt.

Die Elternarbeit ist im Schulprogramm bis jetzt wie folgt verankert:

„Elternmitarbeit ist die Summe aller Aktivitäten, welche Eltern in das unterrichtliche und außer-unterrichtliche Schulleben einbringen. Die Eltern sind für die Kinder und Lehrkräfte wichtige Partner im Schulalltag, deren Beiträge allgemein und umfassend in den Rechtsvorschriften der Schulgesetzgebung erwähnt und benannt sind.

Die Arbeit und der Umgang mit Eltern sollen innerhalb des gesetzlichen Rahmens von folgenden Vorstellungen geprägt sein:

Zwischen Eltern und Lehrkräften herrscht Einvernehmen darüber, dass die Kinder in der Schule gesetzlich festgelegten Bildungs- und Erziehungsinhalten unterliegen, deren verantwortliche Sachverwalter die Lehrkräfte sind.

Es herrscht Einvernehmen darüber, dass die Lehrkräfte aufgrund „erziehenden Unterrichts" mehr oder weniger stark in die Erziehungstätigkeit der Eltern eingreifen und familiensystemische Einblicke gewinnen.

Gespräche zwischen Eltern und Lehrkräften sind daher in vielen Fällen Konfliktgespräche. Diese können nur dann zu fruchtbaren Ergebnissen führen, wenn sie vertrauensvoll geführt werden mit dem Ziel, für die Kinder gemeinsam das Beste zu erreichen.

---

[15] vgl. Schulprogramm Janusz-Korczak-Schule, Stand 10.09.2007

Es ist notwendig, Eltern an bestimmten Veranstaltungen teilnehmen zu lassen bzw. Fortbildungen im schulischen Rahmen anzubieten, die einen allgemein-pädagogischen Hintergrund und/oder eine Relevanz im häuslichen und familiären Leben der Kinder haben.

Ebenso notwendig ist es, Eltern die Arbeit der Lehrkräfte so weit wie nötig transparent zu machen, um ein vertrauensvolles Miteinander zu erzeugen.

Über offene Gespräche zwischen allen Beteiligten können Grad und Qualität des Miteinanders festgelegt werden. Eine positive Kontaktpflege beider Seiten gewährleistet eine Vermeidung von Misstrauen und Unverständnis. Als Foren hierfür können dienen: Tag der offenen Tür, Hospitationen im Unterricht, regelmäßige Treffen von Lehrerkollegium, Schulpflegschaft und Förderverein.

Beide Seiten gemeinsam können neue Möglichkeiten für Elternaktivitäten hervorbringen. Dabei könnte es sich um ähnliche Aktivitäten handeln wie z.B. das aktive Engagement von Eltern im Hinblick auf den Umgang mit den Schulbehörden, Schulpolitikern, Kirchen, Verbänden usw. („Lobby“).“[16]

2. <u>Zur Themenfindung und Vorbereitung der Lehrerkonferenz</u>

Die X.-Schule hat sich um das Gütesiegel „Individuelle Förderung“ beworben. Der Grundsatz im Handlungsfeld „Mit Vielfalt umgehen / Stärken ausbauen / Schwächen abbauen“ lautet: „An unserer Schule soll jedes Kind individuelle Chancen und individuelle Begleitung erhalten, die es für ein erfolgreiches individuelles Lernen braucht. Wir nehmen die Kinder mit ihren Stärken und ihren Schwächen so an, wie sie zu uns kommen. Jedes Kind hat Stärken und Begabungen, auf denen wir aufbauen, um so die Lernfreude zu erhalten / wieder zu bringen / zu wecken.“[17] Für diese Begleitung ist eine Rückmeldung der Lehrerin / des Lehrers über die Lernentwicklung an das Kind und seine Eltern unabdingbar. Diese Rückmeldung an die Kinder und Eltern erfolgt bis jetzt bei den einzelnen Kolleginnen unterschiedlich. Es werden in individuellen Lernberatungsgespräche teilweise Reflexionsbögen zur Selbst- und Fremdeinschätzung, Lerntagebücher und Lernprozessportfolios genutzt. Einheitliche Raster zur Dokumentation der Lernentwicklung gibt es derzeit noch nicht. So wird die Lernentwicklungsberatung an Eltern-Kind-Sprechtagen bislang sehr unterschiedlich gehandhabt. Derzeit gibt es keine Absprachen über konkrete Gesprächsgrundlagen und Gesprächsraster, um Eltern und Kinder an Elternsprechtagen, wie demnächst zu den Zeugnissen, über die Lernentwicklungen und Leistungserwartungen zu beraten und um künftige Leistungen zu verbessern.

---

[16] Schulprogramm Janusz-Korczak-Schule, Stand 10.09.2007
[17] Rahmenkonzept „Individuelle Förderung“ an der Janusz-Korczak-Schule Köln-Poll, 2008

Am 20. und 23. Juni finden Eltern-Kind-Gespräche und die Zeugnisausgabe an die Eltern der Klassen 1 – 3 statt. Zeugnisse sind dabei nicht mehr als „knapp gehaltene Zwischenbilanzen auf dem Lernweg des Kindes".[18]

Dies ist ein Anlass für mich, im Kollegium anzuregen, gemeinsam Absprachen über konkrete Gesprächsgrundlagen (z.B. ein Raster zur Dokumentation der Lernentwicklung) und Gesprächsraster zu treffen und diese zu entwickeln, um Kindern und Eltern Transparenz über die Lernentwicklung zu geben und gemeinsam individuelle Förderschritte abzusprechen und diese festzuhalten. Eine gemeinsame Grundlage gibt dabei Kindern, Eltern, Lehrerinnen und Lehrern Sicherheit und Struktur. Ein festes Raster bietet so auch eine Entlastung für die Lehrperson und gibt der Schule gleichzeitig ein gemeinsames Profil. Zielvereinbarungen und Absprachen zur Verbesserungen der künftigen Leistungen werden so festgehalten und sind zu einem späteren Zeitpunkt überprüfbar.

Um für eine erfolgreiche Beratung optimale, praktikable Gesprächsgrundlagen zu entwickeln ist es notwendig, die in der Konferenz erstellten Raster auszuprobieren, zu evaluieren und gegebenenfalls zu verändern. Eine Aufnahme dieser Beratung und der dazugehörigen Grundlagen und Raster durch die Schulkonferenz in das Schulprogramm ist dann denkbar.

Ich habe in den letzten Wochen mit einigen Kolleginnen über ihre Lernentwicklungsberatung gesprochen. Die Beratung ist recht unterschiedlich und vielseitig. Einige Kolleginnen haben bereits ein eigenes Raster entwickelt, nach dem sie vorgehen. Andere haben feste Vorgehensweisen und Planungen für Elterngespräche. Jede Kollegin und der Kollege kommen mit vielen eigenen Erfahrungen zur Konferenz.

Zum einen ist es mir ein Anliegen, diese Erfahrungen der Kolleginnen und des Kollegen und ihre Fähigkeiten in der Elternberatung zu nutzen, um an jeweiligen Stärken und jeweiliger Professionalität zu partizipieren. Zum anderen möchte ich neue Impulse geben, um das Kollegium zu einer Weiterentwicklung anzuregen. Dazu habe ich der Einladung zur Konferenz vom 9.05.08 eine Aufgabe sowie Materialien angehängt. Diese sind so gewählt, dass alle einen kurzen Aufsatz über Elternberatung[19] und ausgewählt nach Jahrgangsstufen der jeweiligen Klassenlehrerinnen ein Raster zur Dokumentation der Lernentwicklung[20] erhalten (1/2 oder 3/4). Die Lehrerin und der Lehrer für Sonderpädagogik sowie die Lehramtsanwärterin erhalten beide Raster zur Dokumentation, da sie sowohl in den Klassen 1/2, sowie in den Klassen 3/4 zum Teil eingesetzt sind. Zudem habe ich das Kollegium angeregt, über ihre Lernentwicklungsberatung nachzudenken und ggf. selbst entwickelte Materialien mitzubringen.

---

[18] Bartnitzky/Christiani, 1994, S. 193
[19] Knapp, R. Elternarbeit in der Grundschule, Berlin 2001
[20] Helfen, Kemper. Dokumentation der individuellen Förderung in der Grundschule. Köln, 2007

3. <u>Konferenzskizze</u>

ungefährer Zeitbedarf	Inhalt	Ziel
	Begrüßung	
ca. 2 Minuten	Stummer Impuls, Betrachtung von Karikaturen zur Elternberatung (Powerpointpräsentation)	Initiation, Einstimmung auf das Thema
ca. 5 Minuten	Einleitung ins Thema Aufgabenstellung an die Lehrerkonferenz Klärung von eventuellen Rückfragen	Zieltransparenz
ca. 40 Minuten	Gruppenarbeit in zwei Gruppen (Stufenteam 1/2 und Stufenteam 3/4)	Gesprächsplanung für Lernentwicklungsgespräche: Entwicklung von Gesprächsgrundlagen (Gesprächsrastern) zur Unterstützung von Eltern-Kind-Gesprächen zur Lernentwicklung, individuellen Förderung und Leistungsverbesserung
ca.10 Minuten	Vorstellung der (Zwischen-) Ergebnisse aus den beiden Gruppen	Präsentation der (Zwischen-) Ergebnisse, eventuell Ideengebung an das andere Stufenteam
ca. 3 Minuten	Ausblick: Die Kolleginnen und der Kollege werden angeregt, die erarbeiteten Gesprächsgrundlagen und Raster in den Eltern-Kind-Gesprächen zur Lernentwicklung zu den Zeugnissen auszuprobieren und anschließend zu evaluieren	Langzeit-Zieltransparenz: Evaluation, Aufnahme ins Schulprogramm, Teilaspekt des Rahmenkonzeptes „individuelle Förderung"

Medien: Powerpointpräsentation, Dokumentation der individuellen Lernentwicklung 1/ 2 und 3/ 4, Kompetenzerwartungen Lehrplan (Deutsch / Mathematik), Artikel aus „Elternarbeit in der Grundschule", Unterlagen einzelner der einzelnen Kollegin, des Kollegen

4. <u>Literatur</u>

Bachmaier, S.:

Beraten will gelernt sein. 3. Aufl. Beltz Verlag. Weinheim und Basel, 1999

Braun, K.-H.:

Kooperation von Schule, Elternhaus und Kinder- und Jugendhilfe. In: Grundwissen Schulleitung. Wolters Kluwer Verlag, Köln, 2007

Helfen, Kemper:

Dokumentation der individuellen Förderung in der Grundschule. Lernentwicklungshefte für Nordrhein-Westfalen. Wolters Kluwer Verlag. Köln, 2007

Busch, K.:

Erfolgreich beraten: ein praxisorientierter Leitfaden für Beratungsgespräche in der Schule. Schneider Verlag. Hohengehren, 2000

Jülich, Chistian:

Das neue Schulgesetz Nordrhein-Westfalen. Wolters Kluwer Verlag. München, 2006

Knapp, Rudolf:

Elternarbeit in der Grundschule. Cornelsen Scriptor Verlag. Berlin, 2001

Koch, Gerd:

Die erfolgreiche Moderation von Lern- und Arbeitsgruppen. Praktische Tipps für jeden, der mit Teams mehr erreichen will. Die Deutsche Bibliothek – CIP Einheitsaufnahme. Landsberg am Lech, 1992

Korte, Jochen:

Mit den Eltern an einem Strang ziehen. Mehr Schulerfolg durch gezielte Elternarbeit. Auer Verlag. Donauwörth, 2004

Palmowski, W.:

Der Anstoß des Steines. Systemische Beratung im schulischen Kontext. 5. Aufl. borgmann publishing. Dortmund, 2002

Zetterström, A.:

Individuelle Lernentwicklungspläne. Schüler optimal begleiten und fördern. Das schwedische Modell. Verlag an der Ruhr. Mülheim, 2006